BEI GRIN MACHT SICH IHR WISSEN BEZAHLT

- Wir veröffentlichen Ihre Hausarbeit, Bachelor- und Masterarbeit

- Ihr eigenes eBook und Buch - weltweit in allen wichtigen Shops

- Verdienen Sie an jedem Verkauf

Jetzt bei www.GRIN.com hochladen und kostenlos publizieren

Raunaq Miah

Untersuchung zum Schlafverhalten von Jugendlichen

GRIN Verlag

Impressum:

Copyright © 2013 GRIN Verlag GmbH
Druck und Bindung: Books on Demand GmbH, Norderstedt Germany
ISBN: 978-3-656-43399-6

Dieses Buch bei GRIN:

http://www.grin.com/de/e-book/214493/untersuchung-zum-schlafverhalten-von-
jugendlichen

Beethoven-Gymnasium der Stadt Bonn

Untersuchung zum Schlaf von Jugendlichen

Facharbeit
im Leistungskurs Biologie

Jahrgangsstufe Q1
Schuljahr 2012/13

Raunaq Miah

Inhaltsverzeichnis

1 Einleitung

Auf die Idee eine Facharbeit zum Schlaf zu schreiben kam ich ganz spontan. Eines Abends, als ich nicht schlafen konnte, fing ich mich plötzlich an zu fragen, wieso der Mensch eigentlich schlafen muss oder was für Folgen denn ein chronischer Schlafentzug oder Schlafmangel in einem längeren Zeitraum verursachen kann. Außerdem stellte ich fest, dass eine Auseinandersetzung mit grundsätzlichen Fragen zum Schlaf heutzutage sehr selten ist. Wo doch ein Mensch im Laufe eines durchschnittlichen Lebens 27 Jahre in einem dunklen Raum in einer quasi ohnmächtigen Starre verbringt ! Der Autor und Schlafforscher ALEXANDER BORBELEY (1998) definierte den Schlaf meiner Ansicht nach sehr treffend als ,,*das geheimnisvolle Drittel unseres Lebens*,,. Da es mich ja persönlich betrifft, interessierte ich mich in diesem Hinblick für den Schlaf von Jugendlichen. Hierzu haben verschiedene Studien gezeigt, dass Jugendliche heutzutage viel weniger schlafen als vor 10 Jahren (nach IGLOWSTEIN et al 2003). Jedoch existieren nur wenige Untersuchungen zum Schlaf bzw. Schlafentzug bei Jugendlichen. In diesem Hinblick erscheint es wichtig, den Schlaf von Jugendlichen genauer zu untersuchen. Deswegen werden in der folgenden Arbeit Ergebnisse einer Studie zum Schlaf von Jugendlichen, welche am Beethoven-Gymnasium in Bonn ausgeführt wurde, präsentiert und ausführlich ausgewertet.

Aufgrund der Komplexität des Themas und der Begrenzung durch formale Vorgaben, wurde auf ausführliche Erläuterungen in den theoretischen Grundlagen verzichtet.

2 Theoretische Grundlagen

2.1 Was ist Schlaf ?

Das Wort *Schlaf* ist altgermanischen Ursprungs, abgeleitet vom Verb *schlafen* und bedeutet ,,schlapp werden,, (DUDEN 1963). Eine allgemein gültige Definition des Schlafes existiert bis heute nicht. Die Beschreibungen von Wissenschaftlern reichen von ,,geänderter Bewusstseinslage,, (BERGER 1992) zur ,,Erholung des Organismus dienende[m] Zustand [...],, (DUDEN 2013) bis zur ,,reversiblen, periodisch auftretenden Verhaltensweise mit qualitativ verändertem Bewusstsein,, (GRIEFAHN 1985). Der Schlaf ist dadurch gekennzeichnet, dass er zum einen unbewusst abläuft und dass er zum anderen unmittelbar reversibel ist. D.h. jede schlafende Person kann durch externe Stimulation geweckt werden. Diese zwei Kennzeichen unterscheiden den Schlaf von anderen schlafähnlichen Zuständen wie z.b. Koma, Narkose oder Hypnose (vgl. DEMENT & VAUGHAN 2002). Außerdem ist nach WEESS & LANDWEHR (2009) der Schlaf als ein komplexer, dynamischer und nach strengen Regeln ablaufender Prozess zu bezeichnen.

2.2   Funktion des Schlafes

Auf dem jetzigen Stand der Somnologie[1] kann die Frage nach der Funktion des Schlafes nur teilweise beantwortet. Allgemein gesehen erlaubt der derzeitige Wissensstand lediglich eine deskriptive Beschreibung der physiologischen Systeme des Schlafes. Kausale Hintergründe werden zum Teil nur in Ansätzen verstanden (aus WEES & LANDWEHR 2009 S.3). Bis heute liegt die einzige, wissenschaftlich bewiesene, Funktion des Schlafes im sog. ,*Entmüdungseffekt,*(aus MÜLLER, T. (1996) S. 13). Jedoch besteht Grund zur Annahme, dass der Schlaf eine herausragende Bedeutung haben muss. Denn fast alle Tierarten schlafen, obwohl dies in der Natur sehr riskant ist, da man während des Schlafs in einem ungeschützten, unbewussten Zustand liegt (siehe auch HAASE, D. 2009). Die zahlreichen Hypothesen zur Funktion des Schlafes lassen sich in zwei grundsätzliche Annahmen aufteilen: *Die regenerative Hypothese* und die *psychische Hypothese.* Die regenerative Hypothese sieht die Hauptfunktion des Schlafes in der Erholung der Organe oder auch im Abbau der im Wach-Zustand angereicherten toxischen Substanzen. Die psychische Hypothese hingegen hat zur Annahme, das der Schlaf eine Phase zur Verarbeitung der über den Tag erlebten Dinge bietet (siehe MÜLLER, T. (1996) S. 13 ff. und PASSOUANT, P. 1976). Einige Experten sind sich sicher, dass der Schlaf das einzige Medium zum Transport von Informationen in das Langzeitgedächtnis ist [vgl. HAASE, D. (2009)].

2.3   Schlafphasen

Der Schlaf wird mithilfe von polysomnographischen[2] Messgrößen in verschiedene Schlafstadien unterteilt. Diese lassen sich zunächst in REM-Schlaf[3] und Non-REM-Schlaf gliedern. Der Non-REM (nREM) wird weiter in Stadium 1 (Übergang von Wach-Zustand und Schlaf), Stadium 2 (leichter Schlaf) und Stadium 3 und 4 (beides Tiefschlaf), gegliedert [vgl. MÜLLER, T. (1996) S. 5]. Ein sich im Tiefschlaf befindender Mensch ist um einiges schwerer zu wecken als einer im nREM-Schlaf. Die Schlafstadien und ihre Abfolge lassen sich grafisch nach PENZEL, T. et al (2005) in einem sog. Hypnogramm darstellen. Die folgende Grafik beinhaltet ein Hypnogramm zum idealtypischen Schlafprofil eines jungen Erwachsenen.

---

1   Die Somnologie ist die Wissenschaft des Schlafes
2   Als Polysomnographie bezeichnet man das simultane Aufzeichnen mehrerer Biosignale
    während des Schlafes.
3   REM-Schlaf (engl.: rapid eye movement/dt.: schnelle Augenbewegungen) ist eine
    Schlafstadium, welches unter anderem durch schnelle Augenbewegungen gekennzeichnet
    ist.

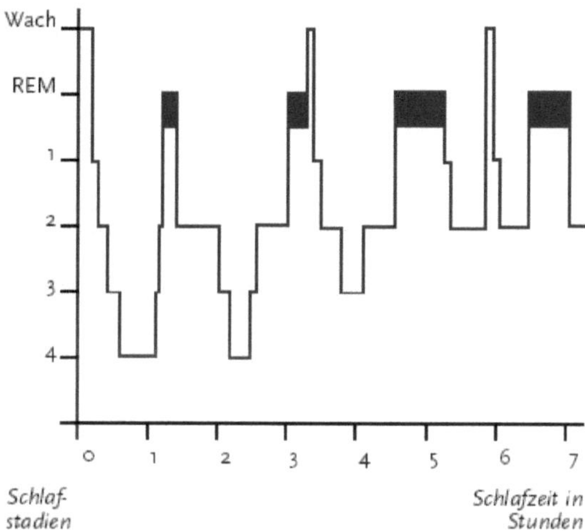

Abb. 1: Hypnogramm eines jungen Erwachsenen

2.4 Regulation des Schlafes

Nach den Ausführungen von Spitzer M. (2005) besitzt jeder Mensch eine innere Uhr, welche mehrere physiologische und biochemische Prozesse, aber auch Verhaltensweisen in geregelten Zyklen ablaufen lässt. Die innere Uhr des Menschen bestimmt auch sein Schlaf-, Wach-Verhalten, bzw. seinen *Chronotyp* (nach WITTMANN, M. et al 2006). So fällt beispielsweise das Einschlafen um 23 Uhr nachts leichter als um 10 Uhr morgens. Außerdem besitzen verschiedene Menschen einen unterschiedlichen Schlafbedarf. Ebenfalls Unterschiede gibt es zur Schlafenszeit. Hier differenziert man in der Chronobiologie[4] zwischen Eulen (Nachtaktiv, Spätschläfer) und Lerchen (Morgentyp). Abgesehen davon baut sich während des Wach-Zustandes ein sog. Tiefschlafdruck auf, der als Müdigkeit empfunden wird. So wird versäumter Tiefschlaf durch eine Intensivierung der Tiefschlaf-Phase nachgeholt (vgl. SCHÄFER, T. 2009). Diesen Zusammen-

---

4   Untersuchung der zeitlichen Organisation physiologischer Prozesse und wiederholter Verhaltensmuster von Organismen

hang zur Schlaf-Regulation stellte BORBÉLY A. 1982 im „*Zwei-Prozesse-Modell der Schlafregulation*,, dar:

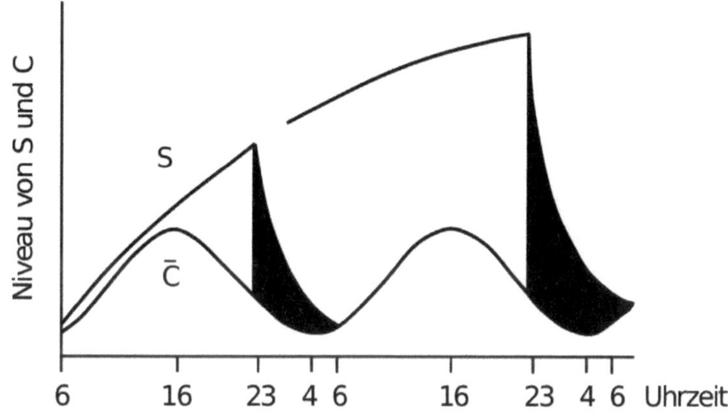

Abb. 2: Zwei-Prozesse-Modell der Schlafregulation von Borbély, A.

Nach dem Modell von Borbély wird der Ablauf von Schlaf und Wachen durch das Wechselspiel eines homoöstatischen Prozesses S, welcher der vom Schlaf-Wach-Rhytmus abhängigen Schlafbereitschaft entspricht, mit einem zirkadianen bzw. periodisch ablaufenden Prozess C. Borbély konnte mithilfe dieses Modells zeigen, dass ein linearer Zusammenhang zwischen der Tiefschlafmenge und der vorangegangenen Wachzeit besteht. [vgl. BORBÉLY (1982), WEIKEL (2005) und WIEGAND (2008)].

2.5   Schlafbedarf

Der Schlafbedarf eines Menschen hängt, den Ausführungen von BENGSTON M. (2005) zufolge von mehreren Faktoren, wie Altersklasse oder persönlicher Verfassung ab. Seiner Ansicht nach, kann man jedoch Aussagen über das durchschnittliche Schlafbedürfnis einer Altersgruppe machen. So benötigen Neugeborene normalerweise 16 Stunden pro Tag, Kinder (6-11) im Durchschnitt 12 Stunden und Jugendliche (11-17) schließlich mindestens 9 Stunden pro Tag. Mit Eintritt in das

Erwachsenenalter sinkt der durchschnittliche Schlafbedarf auf 7-8 Stunden und bleibt dann bis ins Greisenalter so. Die Tatsache, dass ältere Menschen normalerweise weniger schlafen als ihre jüngeren Artgenossen, lässt sich dadurch begründen, dass Menschen im Alter verstärkt an Schlafstörungen[5] leiden. (nach BENGSTON, M. 2005).

3 Untersuchung zum Schlaf von Jugendlichen

3.1 Darstellung der Arbeitshypothesen

Vor dem Durchführen der im Folgenden dargestellten Studie, wurden folgende Arbeitshypothesen aufgestellt, die im nachfolgenden Kapitel diskutiert werden:

a.) Schüler sind mit zunehmendem Alter bzw. höherer Jahrgangsstufen höheren Belastungen ausgesetzt, welche zu einem Schlafdefizit bzw. kürzerer Schlafdauer führen. Diese wiederum verursachen einen Leistungsabschwung in der Schule, insbesondere innerhalb der Morgenstunden.

b.) Jugendliche versuchen ihr Schlafdefizit unter der Schulwoche durch ausgedehnte Schlafzeiten am Wochenende auszugleichen.

c.) Als besonders kritisch sind die Schulzeiten eines Schülers zu sehen (normalerweise 8 – 16 Uhr), die komplett im Kontrast zur inneren Uhr von Jugendlichen steht. Somit sind die gesetzten Schulzeiten kontraproduktiv in Bezug auf Leistungs-, und Konzentrationsfähigkeit. Deswegen erscheint ein Verschieben des Schulbeginns notwendig.

3.2 Methodik und Hilfsmittel

Im Rahmen der Facharbeit wurde eine Umfrage am Beethoven-Gymnasium in Bonn durchgeführt. Befragt wurden 158 Schüler der Jahrgangsstufen 5 – 11 auf ihr Schlafverhalten hin. Es wurden verschiedene Jahrgangsstufen untersucht um festzustellen, ob sich während der Pubertät das Schlafverhalten ändert, und wenn ja, inwiefern und warum.
Zur Auswertung der Ergebnisse wurde neben separater selbst ausgeführter Auswertung das Auswertungsprogramm Graftstat 4 benutzt.

---

5   Der Begriff Schlafstörung ist die Sammelbezeichnung für Störungen des Schlafverhaltens. Beispiele sind: Dyssomnien, Parasomnien oder Insomnien. (aus BROCKHAUS 2005)

3.3 Darstellung und Auswertung der Ergebnisse

In der durchgeführten Umfrage wurde der Proband nach seinem Schlafverhalten gefragt. Die Schüler wurden nach ihren individuellen Einschlaf-, Aufwach-Zeitpunkten während der durchschnittlichen Schulwoche und am Wochenende befragt. Abgesehen davon wurde auch erfragt, wie zufrieden und leistungsfähig der Schüler durch seinen Schlaf sei und ob ein Schlafmangel vorhanden ist.

Im Folgenden werden die Ergebnisse der durchgeführten Umfrage dargestellt.

Von den 158 befragten Jugendlichen waren 76 Personen (48,1%) männlich und 82 (51,9%) weiblich. Im folgendem die Diagramm sei die Geschlechterverteilung aufgeschlüsselt:

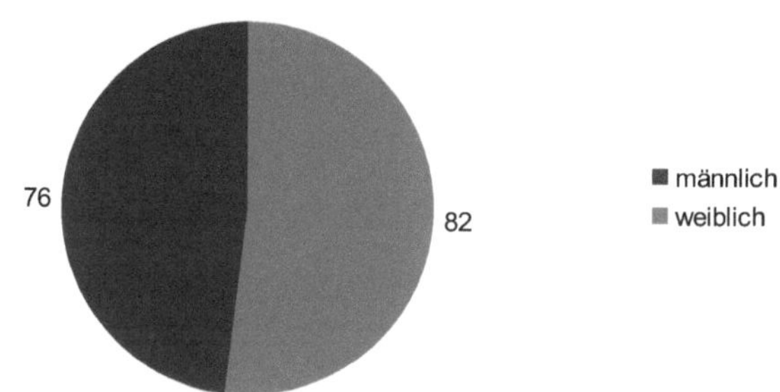

Abb. 3: Geschlechterverteilung

Da bei der Umfrage Schüler verschiedenen Alters teilgenommen haben, hier ein Diagramm, in dem das Alter der Teilnehmer aufgeschlüsselt ist.

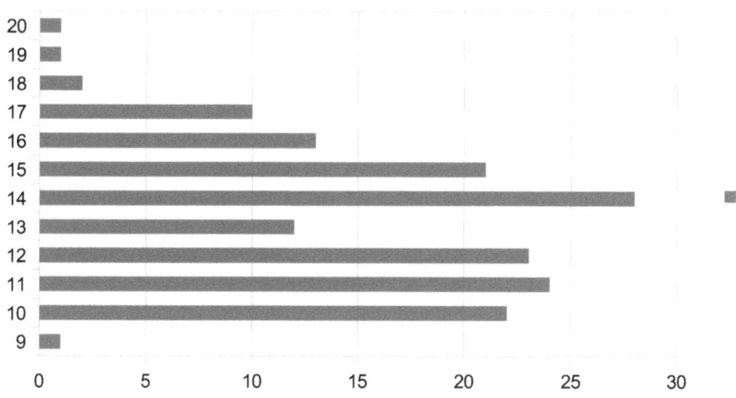

Die Befragung von Jugendlichen in diesem Altersbereich erscheint im Hinblick auf das Thema der Facharbeit sinnvoll, da die Pubertät für gewöhnlich in diesem Zeitraum stattfindet. Bei Jungen dauert sie [die Pubertät] normalerweise vom 12. - 20. Lebensjahr, bei Mädchen vom 10. - 18. Lebensjahr (vgl. BIERICH, JR 1981). Außerdem lassen sich durch Befragung von Schüler der 5. und 6. Klasse entsprechende Unterschiede zwischen dem Schlafverhalten pubertierender und nicht pubertierender Schüler herausstellen, da Schüler der 5. - 6. Klasse sich für gewöhnlich noch nicht in der Pubertät befinden.

Die Schüler wurden unter anderem dazu aufgefordert die durchschnittliche Länge ihres Schlafes unter der Schulwoche und am Wochenende zu nennen. Bei der Auswertung der Ergebnisse ließ sich feststellen, dass die Schlafdauer der Jugendlichen in der Schulwoche im Verlaufe der Jahre drastisch abnimmt:

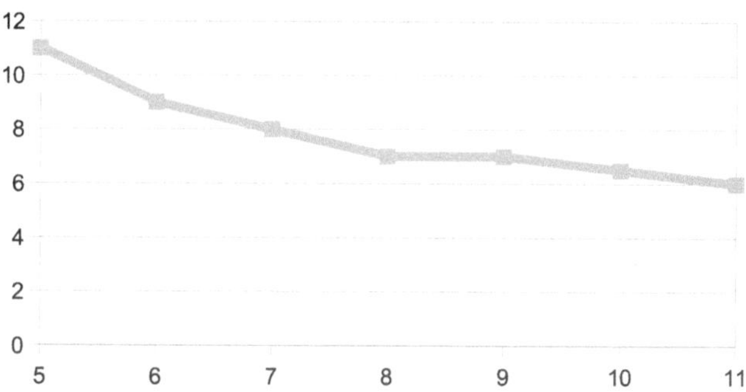

Abb. 4: Durchschnittliche Schlafdauer von Jugendlichen unter der Schulwoche

Was auf den ersten Blick in das Auge fällt, ist der drastische Fall der Schlafdauer unter der Woche über die Schuljahre hinweg. Die durchschnittliche Schlafdauer unter der Woche liegt bei einem Schüler der 5. Klasse bei ca. 11 Stunden täglich, wohingegen sie bei einem Schüler der Jahrgangsstufe 11 bei nur noch ca. 6 Stunden liegt. Somit hat sich die Schlafdauer im Verlaufe der Jahre nahezu halbiert.

Dieses Ergebnis bedeutet, dass die Jugendlichen mit zunehmendem Alter länger wach bleiben, da die Aufwachzeit ja grundsätzlich immer gleich bleibt (6-7 Uhr morgens). Aus dieser Tatsache könnte man theoretisch die Hypothese aufstellen, dass Jugendliche während ihrer Adoleszenz für gewöhnlich den Chronotyp einer Eule haben. Was, wie bereits in den theoretischen Grundlagen erläutert, bedeutet, dass die

Jugendlichen eher Nachtmenschen bzw. Spätschläfer sind.

Doch woran liegt das ? Meiner Ansicht nach ist diese Veränderung des Chronotyps auf eine Veränderung der inneren Uhr während der Pubertät zurückzuführen. Da die Pubertät ja eine Zeit großer Veränderungen im Körper Körper ist, finden auch Änderungen in Bezug auf die innere Uhr bzw. den Chronotypen statt. Den Ausführungen von SPITZER, M. (2005) zufolge spielt besonders das Hormon Melatonin eine herausragende Rolle beim Einschlafen. Die innere Uhr eines Menschen bestimmt die Melatonin-Konzentration im Blut.

Aus diesem Sachverhalt könnte man eventuell zu dem Schluss kommen, dass durch die veränderte Konfiguration der inneren Uhr während der Pubertät, welche in diesem Fall nach ‚vorne‘ (also später) verschoben wurde, auch das Hormon Melatonin erst später ausgeschüttet wird und sich die Jugendlichen demnach erst später müde fühlen. An dieser Stelle sei erwähnt, dass die Melatonin-Konzentration an dieser Stelle nur exemplarisch, denn nach COOPER, R. et al (1994), gibt es neben der Melatonin-Konzentration zahlreiche andere physiologische Faktoren des Schlafes auf die die innere Uhr Einfluss nimmt.

Dadurch ist also geklärt, wieso Pubertierende sich normalerweise bis in die späten Abendstunden wach und aktiv fühlen. So verschiebt sich auch der Einschlafzeitpunkt, da die meisten Schüler sich in der Pubertät in einem Alter befinden, wo sie weitestgehend selbst ihren Einschlafzeitpunkt bestimmen bzw. die Eltern diesen Einfluss verlieren. Bei der Umfrage gaben Schüler der 5. Klasse im Schnitt 21 Uhr als ihren Einschlafzeitpunkt unter der Woche an. Wohingegen Schüler der 9. Klasse sich erst um 23:15 schlafen legten. Es lässt sich zusammenfassend sagen, dass durch die Rekonfiguration der inneren Uhr in der Pubertät sich der Einschlaf- Zeitpunkt um ungefähr 2 Stunden nach oben verschiebt. Der Aufwach- Zeitpunkt unter der Schulwoche liegt bei allen Schülern im Schnitt bei 6:30. Demnach sinkt auch die Schlafdauer. Schüler können aber auch nichts dafür, dass sie zum größten Teil bis in die späten Abendstunden wach bleiben.

Doch was sind die Folgen von weniger Schlaf ? Zu wenig Schlaf ist grundsätzlich als Schlafdefizit zu verstehen, da sich bei den Jugendlichen der Schlafbedarf ja nicht ändert. Wie bereits in den theoretischen Grundlagen erläutert, baut jeder Mensch bei einem Schlafdefizit eine sog. Schlafschuld oder Tiefschlafdruck auf, die vom Menschen subjektiv als Müdigkeit empfunden wird (SCHÄFER, T. 2009 nach BORBÉLY, A.1982). So gaben einige Schüler ebenfalls an, an manchen Schultagen von Tagesmüdigkeit bzw. chronischer Müdigkeit betroffen zu sein. Zum Beispiel gaben Schüler der 8. Klasse sogar an, sehr oft von Tagesmüdigkeit betroffen zu sein. Tagesmüdigkeit ist an dieser Stelle sogar in zweierlei Hinsicht sehr kritisch zu sehen. Der Ansicht von

Dement, W. (2002) zufolge ist ein Mensch, der an Tagesmüdigkeit leidet, nicht in vollem Maße zurechnungsfähig. In diesem Zusammenhang sind also an Tagesmüdigkeit leidende Schüler mit zunehmender Häufigkeit auch öfter nicht leistungsbereit im Unterricht.

Also trägt theoretisch ein pubertierender Schüler eine Schlafschuld mit sich herum. Doch wo baut er diese Schlafschuld ab ? Meiner Ansicht nach am Wochenende. Wie bereits gesagt, haben Pubertierende einen Schlafbedarf von ca. 9 Stunden täglich. Den Ergebnissen der Umfrage zufolge schlafen sich in der Pubertät befindliche Schüler am Wochenende mehr als sie eigentlich bräuchten. So gaben beispielsweise Schüler der 8. Klasse im Schnitt an, am Wochenende bis zu 13 Stunden zu schlafen. So erscheint es sinnvoll zu statuieren, dass der pubertierende Schüler versucht sein Schlafdefizit in der Schulwoche durch mehr Schlaf am Wochenende auszugleichen. Im folgenden Diagramm ist die Schlafdauer der befragten Schüler verschiedener Jahrgänge am Wochenende aufgeschlüsselt.

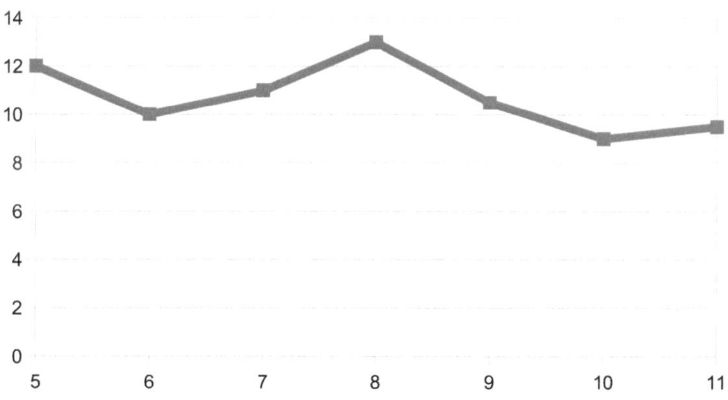

Abb. 5: Durchschnittliche Schlafdauer von Jugendlichen am Wochenende

Dass sie einen Schlafmangel haben, wissen bzw. spüren die meisten Jugendlichen sogar. So gab die Hälfte der Befragten (50,32%) an, dass sie denken, als Schüler einen Schlafmangel zu haben. Die an Schlafmangel leidenden Schüler wurden daraufhin ebenfalls gefragt, worin sie denn die Ursache sähen. Es wurden verschiedene Optionen (Mehrfachwahl) angeboten. Durch die Auswertung der Umfrageergebnisse ließ sich feststellen, dass die meisten Schüler (74,71%) in der

Überforderung durch Schule und deren Zeiten die Ursache ihres Schlafmangels sehen. Als andere Ursache bezeichneten die Betroffenen außerschulische Aktivitäten wie Hobbys und Vereine (45,98%), Videospiele (19,54%), Nebenjob (12,64%) und Partys am Wochenende (17,24%). Als besonders kritisch sind hier die Partys anzusehen, die ja zum Erwachsenwerden sozusagen dazugehören. Sie verursachen nämlich, dass der Jugendliche am Wochenende erst sehr spät schlafen geht, wo doch ebendieser Schlaf am Wochenende einen Ausgleich zum während der Woche aufgebautem Schlafdefizit sein sollte. In diesem Zusammenhang scheint es aber auch erwähnenswert zu sagen, dass der Schüler während der Adoleszenz immer unabhängiger in der Wahl seines Einschlafzeitpunktes wird bzw. die Eltern verlieren in dieser Zeit den Einfluss auf das Schlafverhalten ihrer Kinder.

Insgesamt lässt sich jedoch sagen, dass während der Adoleszenz die außerschulischen bzw. sozialen Aktivitäten stark zunehmen, und sich in diesem Sinne negativ auf die Schlafdauer auswirken.

Um die von den Schülern angegebenen Ursachen des Schlafmangels deutlicher zu veranschaulichen, wurden die erfassten Daten zu dieser Frage im folgenden Säulendiagramm dargestellt.

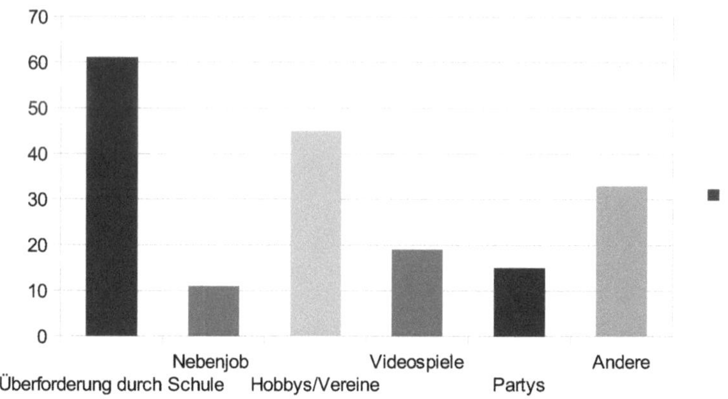

Doch chronische Müdigkeit ist nicht die einzige Folge von Schlafmangel. Ebendieser Schlafmangel verursacht nämlich, dass der Schüler am Morgen in der Schule nicht ausreichend leistungs-, und konzentrationsabhängig ist, wie es der Unterricht von ihm verlangt. So gab knapp die Hälfte (54,14%) der befragten Schüler an, sich nur manchmal bis überhaupt nicht durch ihren Schlaf leistungsfähig zu fühlen. Im Vergleich der verschiedenen Jahrgangsstufen lässt sich ebenfalls erkennen, dass der Hang zum

schlechteren Beurteilen ihres Schlafes bzw. ihrer Schlafqualität mit höherem Jahrgang zunimmt. Während Schüler der 6. Klasse meisten bis immer ausgeruht und leistungsfähig durch ihren Schlaf sind, sind es Schüler der Jahrgangsstufe 10 nur noch selten bis gar nicht. Es lässt sich also festhalten, dass das Sinken der Schlafqualität mit dem Beginn der Pubertät einhergeht, da ja erst durch die Pubertät mit ihren weitreichenden Veränderungen (der inneren Uhr), das Schlafdefizit beginnt. Außerdem ist der pubertierende Schüler durch seinen Schlaf zumeist nicht ausgeruht und leistungsfähig genug, um dem Unterricht in den Morgenstunden mit der nötigen Aufmerksamkeit zu folgen.

Diese Tatsache kann ich an dieser Stelle durch eigene Erfahrungen und Beobachtungen bestätigen. Besonders von der 7. - 9. Klasse war ein Großteil der Klasse besonders in den ersten Stunden als launisch, unausgeruht, nicht konzentrationsfähig und reizbar anzufinden.

Einige Schüler ergreifen jedoch Gegenmaßnahmen, um dem Schlafmangel entgegenzuwirken, beispielsweise durch einen Kurzschlaf bzw. einen Power-Nap[6]. So gaben auch ungefähr ein Viertel (25.32%) der Befragten Schüler an, über den Tag einen Kurzschlaf bzw. Power-Nap einzulegen.

Die Auswertung der Ergebnisse ergab ebenfalls, dass beinahe ein Fünftel (18,95%) der befragten Schüler angab, in den letzten 12 Monaten an einer Schlafstörung gelitten zu haben. Jedoch waren nur 4 von den 29 Betroffenen auch in Behandlung, was an dieser Stelle durchaus negativ zu bewerten ist, da eine Schlafstörung Den Schülern wurde vor dem Austeilen des Fragebogens zunächst erläutert, was eine Schlafstörung sei, so dass die Reliabilität der Antworten gewährleistet werden sollte.

Diese Tatsache lässt sich leicht begründen. Aufgrund der zahlreichen, auch die Leistung beeinträchtigenden Faktoren, denen ein Schüler heutzutage ausgesetzt ist, wie akutes Schlafdefizit und zunehmenden Leistungsdruck durch die Schule, aber hauptsächlich der Umstellung der inneren Uhr ist es den Ausführungen von BLANK-KOPPENLEITNER, A. (2009) zufolge, durchaus nicht verwunderlich dass doch fast 20% der befragten Schüler an Schlafstörungen leiden.

4 Diskussion der Versuchsergebnisse

4.1 Diskussion der Arbeitshypothesen

Bevor mit der Zusammenfassung der Ergebnisse begonnen wird, erscheint es angebracht zunächst die Validität der ausgeführten Studie bzw. Umfrage zu mit

---

6 Als Power-Nap bezeichnet man einen Kurzschlaf am Tag, der 20 bis 30 Minuten dauert
   [nach HESENA B. (2013)]

kritischem Blick zu beurteilen.

Wie bereits in 2.1 erläutert wurde, war es das Ziel dieser Studie festzustellen, inwiefern und aus welchen Gründen sich das Schlafverhalten von Kindern bzw. Jugendlichen beim Eintritt in die Adoleszenz bzw. während ihren Verlaufes, ändert. Hierzu wurde eine Umfrage zum Schlafverhalten in verschiedenen Jahrgängen durchgeführt (5-11). Nach näherer Auseinandersetzung scheint die Repräsentativität bzw. Validität der durchgeführten Studie durch einige Aspekte eingeschränkt.

Beispielsweise bleibt in Frage zu stellen, in welchem Maß die von den Schüler (insbesondere der niedrigeren Klassenstufen) zum Schlafverhalten gemachten Angaben mit den tatsächlichen Schlafzeiten übereinstimmen. Das bedeutet, dass die Angaben zum Schlafverhalten teilweise unter-, über- oder auch komplett fehl-eingeschätzt sein könnten.

Als nächstes werden die in 3.1 vorgestellten Arbeitshypothesen diskutiert.

In der ersten Hypothese a) wurde angenommen, dass Schüler mit zunehmendem Alter immer höheren Belastungen ausgesetzt sind, welche schließlich zu einem Schlafdefizit und dem damit verbundenem Leistungsabschwung durch schlechten bzw. unzureichendem Schlaf führen.

Durch die Ergebnisse der Umfrage scheint diese Hypothese zum größten Teil bestätigt. Es ließ sich nämlich durchaus feststellen, dass die Schlafdauer über die Jahre hinweg deutlich abnimmt. Als Hauptursache ist hier, wie schon in der Auswertung genannt, die Veränderung der inneren Uhr in der Pubertät anzusehen. Jedoch spielen, meiner Ansicht nach Faktoren wie mit Jahrgangsstufe steigender Leistungsdruck durch die Schule und andere Aktivitäten in der Freizeit in diesem Zusammenhang ebenfalls eine wichtige Rolle, da ein Großteil der Befragten mit Schlafdefizit ebendiese Faktoren als Ursache[n] nannte.

Hypothese b), in welcher postuliert wurde, dass der Schlaf am Wochenende ein Ausgleich für das während der Schulwoche aufgebaute Defizit ist, scheint demnach auch bestätigt. Denn die Schüler schlafen am Wochenende meistens mehr als sie eigentlich brauchen würden. Wie bereits gesagt, ist der Schlafbedarf eines durchschnittlichen Jugendlichen ca. 9 Stunden hoch. Da fast alle der Befragten Jugendlichen am Wochenende länger als 9 Stunden schlafen, kann man schließen dass der Schlaf am Wochenende einen Ausgleich zum während der Woche aufgebautem Schlafdefizit bzw. Schlafschuld darstellt. An dieser Stelle sei noch zu bemerken, dass diese Tatsache als sog. *Wochenendschlafphänomen* bekannt ist. Den Ausführungen von MÜLLER, T. (1996) zufolge kann man den Befund, dass Menschen am Wochenende grundsätzlich länger schlafen als normalerweise an Werkstagen auf zwei Ursachen zurückführen: Zum einen kann der verlängerte Schlaf am Wochenende

auf ein unter der Woche gesammeltes Schlafdefizit zurückzuführen sein. Dies trifft jedoch nicht auf jede Person zu, sondern an dieser Stelle nur auf Jugendliche, welche ja einen höheren Schlafbedarf als Erwachsene haben. Jedoch schlafen Erwachsene Menschen am Wochenende oftmals länger als normalerweise. Bei Menschen ohne Schlafschuld, die am Wochenende trotzdem lange schlafen, kann man nach Müller, T. (1996) ein sog ‚*oversleeping*‚ feststellen, welches subjektiv zu einem Zustand von Trägheit, Schläfrigkeit und Lethargie führen.

In der letzten Hypothese c) wurde statuiert, dass besonders die dem Schlafrhythmus von Jugendlichen entgegengesetzten Schulzeiten als besonders kritisch anzusehen sind. Diese These sehe ich an dieser Stelle ebenfalls als bewahrheitet. In der Umfrage wurden die Jugendlichen am Ende des Fragebogens befragt, ob sie der Hypothese, welche besagt, dass ein späterer Schulbeginn sich positiv auf die Leistungs- bzw. Konzentrationsfähigkeit auswirkt. Bei dieser Frage wurde den Schülern aber ebenfalls die Konsequenzen einer solchen Maßnahme erläutert. Denn ein späterer Schulbeginn ist logischerweise mit einem späteren Schulende verbunden. Trotz dieser Konsequenz beantworteten nahezu 70% der befragten auf diese Frage mit Ja. Daran erkennt man die große Not, in der sich die Jugendlichen befinden. Denn bei einem sich in der Adoleszenz befindlichem Jugendlichem , ist wie bereits erläutert, die innere Uhr verschoben, was zur Folge hat, dass die Jugendlichen erst deutlich später ein Müdigkeitsgefühl verspüren und in den Morgenstunden logischerweise erst später leistungs- und konzentrations- fähig. Durch diese Tatsache sehe ich Hypothese c) an dieser Stelle bestätigt. Denn die Schulzeiten zwingen den Jugendlichen zum Aufstehen am frühen Morgen (6-7 Uhr). Meiner Ansicht nach ist in diesem Aspekt auch ein großer Kritikpunkt am Bildungssystem zu sehen. Die Aufgabe des Unterrichts sollte ja in erster Linie sein dem Schüler Wissen zu vermitteln. Doch ein Lehrer kann eben in diesen frühen Morgenstunden diese Leistungsbereitschaft vom Schüler, aufgrund der genannten Gründe nicht erwarten. Demnach ist auch das Bild, welches sich einem in den ersten Unterrichtsstunden einer 8. oder 9. Klasse, Klassen mit hohem Anteil an sich in der Pubertät befindenden Schüler, bietet. Die meisten sind unausgeruht, lustlos und eben nicht leistungsfähig bzw. nicht in dem Maße leistungsfähig, wie es der Unterricht verlangt. Die Klassen 8 und 9 waren auch die Jahrgangsstufen, bei der die meisten Schüler angaben manchmal bis sehr oft von Tagesmüdigkeit oder mangelnder Konzentrationsfähigkeit betroffen zu sein. Also die Altersstufe, bei der sich die meisten mitten in der Pubertät befinden.

Es bleibt also auf jeden Fall festzuhalten, dass sowohl biologische als auch gesellschaftliche Veränderungen in der Adoleszenz die frühen Morgenstunden zu einer schlechten Lernzeit machen.

Um diesem Problem entgegenzuwirken, erscheint es offensichtlich, dass in diesem Fall sich ein späterer Schulbeginn sich stark positiv auf Faktoren wie Leistungs- oder Konzentrations-Fähigkeit auswirken würde. Dieser These stimmte auch ein Großteil der befragten Schüler zu. Die Schüler wurden nämlich zuletzt gefragt, ob sie denken, dass sich ein späterer Schulbeginn sich positiv auf die genannten Faktoren auswirken würden. So beantworteten 69,68% der Befragten diese Frage mit ‚Ja‚.

Dass sich ein späterer Schulbeginn positiv auswirkt wurde bereits wissenschaftlich belegt. So untersuchte die Ärztin und Psychologin Judith Owen in einer Studie in den USA (vgl. OWEN, J. 2010) den Effekt eines um 30 Minuten verschobenen Schulbeginn (von 8:00 auf 8:30). Als Ergebnis ließ sich feststellen, dass die Probanden bzw. die Jugendlichen deutlich motivierter, leistungsfähiger waren und zudem seltener schwänzten.

4.2 Zusammenfassung und Ausblick

Um die bis hierhin gesammelten Ergebnisse zusammenzufassen lässt sich meiner Ansicht nach Folgendes schlussfolgern:

Ein Jugendlicher ist während seiner Adoleszenz grundsätzlich einem permanenten Schlafdefizit ausgeliefert. Zum einen verschiebt sich in der Adoleszenz die innere Uhr, sodass die Schüler sich am Abend erst später müde fühlen und morgens erst später aktiv sind. Der Schlafbedarf von 9 Stunden wird kaum bzw. gar nicht eingehalten, da Faktoren wie Schulzeiten und Freizeitbeschäftigungen etc. diesem entgegenwirken. Er [der Jugendliche] gleicht das Defizit zwar teilweise am Wochenende aus, jedoch sind die Folgen des Schlafmangels trotzdem vorhanden: Besonders in den frühen Morgenstunden sind die Schüler zumeist nicht ausgeruht und leistungsfähig, und sind somit nicht in der Lage dem Unterricht mit nötiger Aufmerksamkeit zu folgen.

Diese Tatsache macht ein Verschieben der Schulzeiten um 30 – 120 Minuten notwendig, da bereits etwas mehr Schlaf sehr positive Wirkungen zeigt. Auch wenn die Verschiebung der Schulzeiten evtl. ein späteres Schulende bedeuten würde, was wahrscheinlich in Teilen sowohl bei Schülern als auch bei Lehrern auf Ablehnung stoßen würde. Jedoch scheint meiner Ansicht nach an dieser Stelle ein den Bedürfnissen der Jugendlichen angepasster Unterricht um einiges wichtiger.

5 Literaturverzeichnis

BENGSTON, M. (2005): Sleep disorders: How much sleep do we need ?. In:
http://psychcentral.com/disorders/sleep/sleep_intro.htm [Stand: 12.2.2013]

BIERICH, JR (1981): Pubertät – Klinische Wochenschrift. (Hamburg) **59**. 985-994

BETZ, M, CASSEL W. & KOEHLER U. (2012):Schlafgewohnheiten und Gesundheit bei
Jugendlichen und jungen Erwachsenen - Auswirkungen von Schlafdefizit auf
Leistungsfähigkeit und Wohlbefinden", Deutsche Medizinische Wochenschrift S03
(2012) In: http://www.uni-marburg.de/aktuelles/news/2012c/1011a [Stand: 29.1.2013]

BLANK-KOPPENLEITNER, A. (2009): Schlafstörungen: Warum Schlaf so wichtig ist. In:
http://www.apotheken-umschau.de/Schlafstoerungen/Schlafstoerungen-Warum-Schlaf-
so-wichtig-ist-55476_2.html [Stand: 17.2.2013]

BORBÉLY, A. (1984): Das Geheimnis des Schlafs. - Deutsche Verlags-Anstalt GmbH,
Stuttgart (vergriffen). Ausgabe für das Internet
In:http://www.pharma.uzh.ch/static/schlafbuch/TITEL.htm [Stand: 30.1.2013]

ZWAHR, A. (2005): Brockhaus – Enzyklopädie. **24**. - Leipzig/Mannheim (F. A. Brockhaus
– Verlag)

BUNDESZENTRALE FÜR GESUNDHEITLICHE AUFKLÄRUNG (2013): Nachteulen auf Schlafentzug:
Warum Teenager ständig müde sind. In: http://www.kindergesundheit-
info.de/themen/schlafen/jugendliche-nachteulen-schlaf-im-teenageralter/nachteulen-
auf-schlafentzug-warum-teenager-staendig-muede-sind/ [Stand: 25. Januar 2013]

BUSCH, V. (2002): Einfluss von Persönlichkeitsfaktoren auf das Schlafverhalten junger
Erwachsener und Adaptionsprozesse bei polysomnographischen Ableitungen, In:
http://sundoc.bibliothek.uni-halle.de/diss-online/03/03H108/prom.pdf [Stand 30.1.2013]

COOPER, R. et al (1994): Sleep. - London (Chapman & Hall Medical) S. 135 ff.

DEMENT, W. & VAUGHAN CHRISTOPHER (2002): Der Schlaf und unsere Gesundheit. -
Bastei Lübbe

DAWSON, P. (2005): Sleep and Adolescents.
In:http://www.nasponline.org/resources/principals/Sleep%20Disorders%20WEB.pdf
[Stand: 12.2.2013]

HAASE, D.(2009): Warum schlafen wir. In:
http://www.wdr.de/tv/quarks/sendungsbeitraege/2009/0331/005_schlaf.jsp [Stand:
12.2.2013]

HATAMI, EVA CAROLINA (2008): Untersuchung zum Einfluss auf Schlafarchitektur und
kognitive Leistungen bei Jugendlichen, In: http://www.freidok.uni-
freiburg.de/volltexte/6179/ [Stand: 19.1.2013]

HESENA, B. (2013): Das Nickerchen zwischendurch. In:
http://www.stern.de/schlaf/therapie/powernapping-das-nickerchen-zwischendurch-
637134.html [Stand: 26.2.2013]

Iglowstein et al (2003): Sleep duration from infancy to adolescence: reference values
and generational trends. Pediatrics. **111**, 302-307

LATTUSECK, R. (2007): Heranwachsende können nichts dafür, dass sie in der Schule
müde sind, WELT am Sonntag (August 2007). In:
http://www.welt.de/wams_print/article1187538/Heranwachsende-koennen-
nichts-dafuer-dass-sie-in-der-Schule-muede-sind.html [Stand: 29.1.2013]

MÜLLER, TILMANN (1996): Wieviel Schlaf braucht der Mensch ? - Auswirkungen
chronischer Schlafrestriktion. - Münster

OWEN, J. (2010): Impact of Delaying school time on Adolescent sleep, mood and
behaviour. In: http://archpedi.jamanetwork.com/article.aspx?articleid=383436
[Stand: 8.3.2013]

PANTER, W. (2010): Schlafstörungen – Somnologie. (München) **14**, 82-83

PASSOUANT, P. & RECHNIEWSKI (1976): Der Schlaf. - Wien/Düsseldorf (Econ-Verlag)

PENZEL, T. ET AL (2005): Schlafstörungen (Gesundheitsberichterstattung).Berlin **27:**
http://www.gbe-bund.de/gbe10/abrechnung.prc_abr_test_logon?
p_aid=74704608&p_uid=gastd&p_sprache=D&p_knoten=FID&p_suchstring=9627#fid9
607 [Stand 19.1.2013]

PENZEL, T. (2009): Eine Wissenschaft, viele Disziplinen. In: Spektrum der Wissenschaft
– Spezial: Schlaf – ein Phänomen und seine Störungen (2009).-Heidelberg (S. 6-9)

SCHÄFER, T. (2009): Wichtigstes Tagewerk: Der Schlaf. In: Spektrum der Wissenschaft –
Spezial: Schlaf – ein Phänomen und seine Störungen (2009).-Heidelberg (S. 11-19)

SPITZER, M. (2005): Die innere Uhr – Biologische Rhytmen und ihre Bedeutung für die
Gesellschaft, In: http://www.scirus.com/srsapp/sciruslink?src=web&url=http%3A%2F
%2Fwww.schattauer.de%2Fde%2Fmagazine%2Fuebersicht%2Fzeitschriften-a-z
%2Fnervenheilkunde%2Finhalt%2Farchiv%2Fissue%2F634%2Fmanuscript
%2F2279%2Fdownload.html [Stand 30.1.2013]

WEESS, H. & LANDWEHR, R. (2009): Phänomenologie, Funktion und Physiologie des
Schlafes.In:http://www.pfalzklinikum.de/fileadmin/pfalzklinikum/Dokumente/Publikation_
Weess/2_2009_Psychotherapie_im_Dialog.pdf [Stand: 2.2.2013]

WEIKEL, J. (2005): Untersuchungen zum Einfluss von Ghrelin auf das Schlaf-EEG und
die assoziierte nächtliche Hormonaktivität bei gesunden Probanden. In:
http://edoc.ub.uni-muenchen.de/3775/1/Weikel_Jutta.pdf [Stand: 8.3.2013]

WIEGAND, H. (2008): Der normale Schlaf und seine Variationen. In:
http://www.schlafzentrum.med.tum.de/index.php/page/normaler-schlaf [Stand:
8.3.2013]

WITTMANN, M. et al (2006): Social jetlag: misalignment of biological and social time –
Chronobiology Int. (München) **2**, 497-509

6 Anhang

6.1 Fragebogen und Laufzettel

Hinweis: Siehe hierfür Anhang in der digitalen Version.

6.2 Tabellarische Zusammenstellung aller erfassten Rohdaten

Hinweis: Zur Auswertung der Fragebögen wurde das Auswertungsprogramm grafstat4 verwendet. Die so gewonnenen Rohdaten wurden in Tabellen dargestellt.

1) Wie alt bist du ?

Alter	Anzahl	Anzahl in %
9	1	(0,63%)
10	22	(13,92%)
11	24	(15,19%)
12	23	(14,56%)
13	12	(7,59%)
14	28	(17,72%)
15	21	(13,29%)
16	13	(8,23%)
17	10	(6,33%)
18	2	(1,27%)
19	1	(0,63%)
20	1	(0,63%)

Summe   158
ohne Antwort 0

2) Welche Jahrgangsstufe besuchst du ?

Jahrgangsstufe	Anzahl	Anzahl in %
5	30	(19,11%)
6	25	(15,92%)
7	14	(8,92%)

8	23	(14,65%)
9	33	(21,02%)
10	7	(4,46%)
11	25	(15,92%)

Summe　　　157
ohne Antwort　1

3) Welchem Geschlecht gehörst du an ?

Geschlecht	Anzahl	Anzahl in %
männlich	76	(48,10%)
weiblich	82	(51,90%)

Summe　　　158
ohne Antwort　0

4) Bitte nenne deine durchschnittliche Schlafdauer während einer normalen Schulwoche !

Schlafdauer unter der Woche (in Stunden)	Anzahl der Antworten	Anzahl in %
1	0	(0,00%)
2	0	(0,00%)
3	2	(1,28%)
4	0	(0,00%)
5	4	(2,56%)
6	16	(10,26%)
7	44	(28,21%)
8	39	(25,00%)
9	21	(13,46%)
10	27	(17,31%)
11	2	(1,28%)
12	1	(0,64%)
13	0	(0,00%)
14	0	(0,00%)
15	0	(0,00%)

Summe　　　156
ohne Antwort　2

5) Bitte nenne die durchschnittliche Dauer deines Schlafes an einem typischem Wochenende !

Schlafenszeit während des Wochenendes (in Stunden)	Anzahl der Antworten	Anzahl in %
1	0	(0,00%)
2	1	(0,64%)
3	0	(0,00%)
4	1	(0,64%)
5	1	(0,64%)
6	1	(0,64%)
7	5	(3,18%)
8	15	(9,55%)
9	28	(17,83%)
10	48	(30,57%)
11	33	(21,02%)
12	13	(8,28%)
13	7	(4,46%)
14	2	(1,27%)
15	2	(1,27%)
16	0	(0,00%)
17	0	(0,00%)
18	0	(0,00%)

Summe   157
ohne Antwort 1

6) Fühlst du dich durch deinen Schlaf ausgeruht und leistungsfähig ?

Optionen	Anzahl der Antworten	Anzahl in %
1	13	(8,28%)
2	26	(16,56%)
3	46	(29,30%)
4	28	(17,83%)
5	29	(18,47%)
6	15	(9,55%)

Summe   157
ohne Antwort 1

7) Wie oft leidest du Tagesmüdigkeit ?

Optionen	Anzahl der Antworten	Anzahl in %
1	34	(21,52%)
2	39	(24,68%)

3	20	(12,66%)
4	34	(21,52%)
5	21	(13,29%)
6	10	(6,33%)

Summe   158
ohne Antwort 0

8) Wie oft fällt es dir schwer dich zu konzentrieren ?

Optionen	Anzahl der Antworten	Anzahl in %
1	43	(27,22%)
2	50	(31,65%)
3	31	(19,62%)
4	25	(15,82%)
5	7	(4,43%)
6	2	(1,27%)

Summe   158
ohne Antwort 0

9) Wie oft leidest du an gesundheitlichen Beschwerden ?

Optionen	Anzahl der Antworten	Anzahl in %
1	101	(64,33%)
2	28	(17,83%)
3	9	(5,73%)
4	7	(4,46%)
5	10	(6,37%)
6	2	(1,27%)

Summe   157
ohne Antwort 1

10) Wie oft hast du Fehlstunden, die wegen den gesundheitlichen Beschwerden (9.) auftreten ?

Optionen	Anzahl der Antworten	Anzahl in %
1	105	(70,47%)
2	29	(19,46%)
3	8	(5,37%)

4	4	(2,68%)
5	2	(1,34%)
6	1	(0,67%)

Summe   149
ohne Antwort 9

11) Bitte nenne deinen normalen Einschlafzeitpunkt während einer typischen Schulwoche !

Einschlafzeitpunkt (Uhrzeit)	Anzahl der Antworten	Anzahl in %
18:00:00	0	(0,00%)
18:30:00	0	(0,00%)
19:00:00	2	(1,27%)
19:30:00	0	(0,00%)
20:00:00	3	(1,90%)
20:30:00	10	(6,33%)
21:00:00	29	(18,35%)
21:30:00	8	(5,06%)
22:00:00	30	(18,99%)
22:30:00	20	(12,66%)
23:00:00	34	(21,52%)
23:30:00	9	(5,70%)
00:00:00	9	(5,70%)
00:30:00	0	(0,00%)
01:00:00	3	(1,90%)
01:30:00	0	(0,00%)
02:00:00	1	(0,63%)
02:30:00	0	(0,00%)
03:00:00	0	(0,00%)

Summe   158
ohne Antwort 0

12) Bitte gib an, wann du normalerweise während einer typischen Schulwoche aufwachst !

Aufwach-Zeitpunkt (Uhrzeit)	Anzahl der Antworten	Anzahl in %
04:00:00	0	(0,00%)
04:30:00	0	(0,00%)
05:00:00	1	(0,63%)

05:30:00	6	(3,80%)
06:00:00	53	(33,54%)
06:30:00	50	(31,65%)
07:00:00	44	(27,85%)
07:30:00	2	(1,27%)
08:00:00	0	(0,00%)
08:30:00	0	(0,00%)
09:00:00	0	(0,00%)
09:30:00	0	(0,00%)
10:00:00	0	(0,00%)
10:30:00	0	(0,00%)
11:00:00	0	(0,00%)
11:30:00	1	(0,63%)
12:00:00	0	(0,00%)
12:30:00	0	(0,00%)
13	0	(0,00%)
13:30:00	0	(0,00%)
14:00:00	1	(0,63%)

Summe   158
ohne Antwort 0

13) Bitte gib den Zeitpunkt an, an dem du für gewöhnlich am Wochenende schlafen gehst !

Einschlaf-Zeitpunkt am Wochenende	Anzahl	Anzahl in %
18:00:00	0	(0,00%)
18:30:00	1	(0,64%)
19:00:00	1	(0,64%)
19:30:00	0	(0,00%)
20:00:00	1	(0,64%)
20:30:00	2	(1,28%)
21:00:00	5	(3,21%)
21:30:00	5	(3,21%)
22:00:00	16	(10,26%)
22:30:00	13	(8,33%)
23:00:00	26	(16,67%)
23:30:00	13	(8,33%)
00:00:00	35	(22,44%)
00:30:00	2	(1,28%)

01:00:00	18	(11,54%)
01:30:00	2	(1,28%)
02:00:00	9	(5,77%)
02:30:00	0	(0,00%)
03:00:00	7	(4,49%)

Summe   156
ohne Antwort 2

14) Bitte gib den Zeitpunkt an, an dem du für gewöhnlich am Wochenende aufstehst !

Aufwach-Zeitpunkt am Wochenende (Uhrzeit)	Anzahl	Anzahl in %
04:00:00	0	(0,00%)
04:30:00	1	(0,64%)
05:00:00	2	(1,28%)
05:30:00	0	(0,00%)
06:00:00	3	(1,92%)
06:30:00	4	(2,56%)
07:00:00	8	(5,13%)
07:30:00	6	(3,85%)
08:00:00	11	(7,05%)
08:30:00	9	(5,77%)
09:00:00	22	(14,10%)
09:30:00	11	(7,05%)
10:00:00	29	(18,59%)
10:30:00	7	(4,49%)
11:00:00	15	(9,62%)
11:30:00	2	(1,28%)
12:00:00	18	(11,54%)
12:30:00	0	(0,00%)
13:00:00	3	(1,92%)
13:30:00	0	(0,00%)
14:00:00	5	(3,21%)

Summe   156
ohne Antwort 2

15) Bitte gib an, wie lange du für gewöhnlich zum Einschlafen brauchst !

Einschlaf-Dauer (in min)	Anzahl der Antworten	Anzahl in %

5	15	(9,74%)
10	20	(12,99%)
15	25	(16,23%)
20	14	(9,09%)
25	7	(4,55%)
30	50	(32,47%)
40	9	(5,84%)
50	1	(0,65%)
60	9	(5,84%)
90	1	(0,65%)
120	2	(1,30%)
180	1	(0,65%)
600	0	(0,00%)

Summe   154
ohne Antwort   4

16) Denkst du, dass du als Schüler einen Schlafmangel hast ?

Ja	78	(50,32%)
Nein	77	(49,68%)

Summe   155
ohne Antwort   3

17) Wenn ja (zu 16), worin siehst du die Ursache ?

Optionen	Anzahl der Antworten	Anzahl in %
Überforderung durch Schule/Schulzeiten	65	(74,71%)
Nebenjob	11	(12,64%)
Hobbys/Vereine	40	(45,98%)
Videospiele	17	(19,54%)
Partys	15	(17,24%)
Andere	29	(33,33%)

Nennungen (Mehrfachwahl möglich!)   177
geantwortet haben   87
ohne Antwort   71

18) Hast du in den letzten 12 Monaten an einer Schlafstörung gelitten ?

	Anzahl der Antworten	Anzahl in %
Ja	29	(18,59%)
Nein	127	(81,41%)

Summe   156
ohne Antwort 2

19) Wenn ja (zu 18), warst du wegen der Schlafstörung in Behandlung ?

	Anzahl der Antworten	Anzahl in %
Ja	4	(3,28%)
Nein	118	(96,72%)

Summe   122
ohne Antwort 36

20) Legst du tagsüber einen Kurzschlaf ein ?

	Anzahl der Antworten	Anzahl in %
Ja	39	(25,32%)
Nein	115	(74,68%)

Summe   154
ohne Antwort 4

21) Denkst du, dass ein späterer Schulbeginn sich positiv auf deine Leistungsfähigkeit auswirken würde ?

	Anzahl der Antworten	Anzahl
Ja	108	(69,68%)
Nein	47	(30,32%)

Summe   155
ohne Antwort 3

6.3   Andere Tabellen

a.) Jahrgangsstufen im Vergleich

JGS	5	6	7	8	9	10	11
Alter	10 – 11	11 – 12	12 – 13	13 – 14	14	15 – 16	16 – 17
Schlaf W	11h	8,5h	8h	7h	7,5h	6,5h	5,5h
Schlaf	12h	10h	11h	13h	10h	9h	9,5h

WE							
Schlafzei ten W	21:00 – 6:30	21:30 – 6:30	22:00 – 6:30	22:30 – 6:30	23:15 – 6:30	23:30 – 6:30	0:00 – 6:30
Schlafzei ten WE	22:30 – 9:00	22:30 – 9:30	22:30 – 10:00	23:30 – 11:00	0:00 – 10:00	0:30 – 11:00	1:00 – 10:00
SQ	Sehr gut	Gut	Gut	Mittel	Schlecht	Mittel	Schlecht
TM	Selten		Manchm al	Sehr oft	Manchm al	Sehr oft	Oft

Erläuterungen:

(Die Daten wurden aus den Ergebnissen der Umfrage abgeleitet)

W = durchnittlich unter der (Schul-)Woche

WE = durchschnittlich am Wochenende

JGS= Jahrgangstufe

TM = Tagesmüdigkeit

SQ = Schlafqualität